1511217855

中华人民共和国行业标准

城镇地热供热工程技术规程

Technical specification for geothermal space
heating engineering

CJJ 138－2010

批准部门：中华人民共和国住房和城乡建设部
施行日期：2010 年 10 月 1 日

中国建筑工业出版社

2010 北 京

中华人民共和国行业标准

城镇地热供热工程技术规程

Technical specification for geothermal space
heating engineering

CJJ 138 - 2010

*

中国建筑工业出版社出版、发行（北京西郊百万庄）
各地新华书店、建筑书店经销
北京红光制版公司制版
北京同文印刷有限责任公司印刷

*

开本：850×1168毫米　1/32　印张：2¾　字数：79千字
2010年6月第一版　　2010年6月第一次印刷

定价：**14.00**元

统一书号：15112·17855

本社网址：http://www.cabp.com.cn
网上书店：http://www.china-building.com.cn

中华人民共和国住房和城乡建设部
公 告

第 553 号

关于发布行业标准《城镇地热供热工程技术规程》的公告

现批准《城镇地热供热工程技术规程》为行业标准,编号为 CJJ 138 - 2010,自 2010 年 10 月 1 日起实施。其中,第 5.1.3、5.1.6、9.2.5、9.3.3、11.0.5 条为强制性条文,必须严格执行。

本规程由我部标准定额研究所组织中国建筑工业出版社出版发行。

中华人民共和国住房和城乡建设部

2010 年 4 月 17 日

前　言

根据原建设部《关于印发〈2007 年工程建设标准规范制订、修订计划（第一批）〉的通知》（建标［2007］125 号）的要求，规程编制组经广泛调查研究，认真总结实践经验，参考有关国际标准和国外先进标准，并在广泛征求意见的基础上，制定本规程。

本规程主要技术内容是：1　总则；2　术语；3　设计基本规定；4　地热供热系统；5　地热井泵房；6　地热供热站；7　地热供热管网与末端装置；8　地热水供应；9　地热系统防腐与防垢；10　地热供热系统的监测与控制；11　环境保护；12　地热回灌；13　地热资源的动态监测；14　施工与验收；15　运行、维护与管理；以及相关附录。

本规程中以黑体字标志的条文为强制性条文，必须严格执行。

本规程由住房和城乡建设部负责管理和对强制性条文的解释，由天津大学负责具体技术内容的解释。执行过程中如有意见或建议，请寄送天津大学（地址：天津市南开区卫津路 92 号，邮政编码：300072）

本 规 程 主 编 单 位：天津大学
本 规 程 参 编 单 位：天津市热力公司
　　　　　　　　　　　天津滨海世纪能源科技发展有限公司
　　　　　　　　　　　城市建设研究院
　　　　　　　　　　　北京煤气热力工程设计院有限公司
　　　　　　　　　　　北京市华清地热开发有限责任公司
　　　　　　　　　　　西安汇通热力规划设计有限公司（西安市热力公司）

宁波海申环保能源技术开发有限公司

中国科学院广州能源研究所

福州市地热管理处

天津地热勘查开发设计院

天津地热研究培训中心（天津大学）

陕西绿源地热能源开发有限公司

陕西四海环保工程有限公司

本规程主要起草人员： 蔡义汉　郑维民　蔡建新　杨　健
王建国　柯柏林　高　峰　朱家玲
李若中　马伟斌　林建旺　王　军
汪健生　崔金荣　戴传山　王行运
孟玉良　林正树

本规程主要审查人员： 王秉忱　汪集旸　张振国　廖荣平
高顺庆　负培琪　吴铁钧　韩金树
许文发　董乐意　陈建平

目　次

Contents

1 总 则

1.0.1 为使地热供热工程做到技术先进、经济合理、安全可靠，保护环境和保证工程质量，制定本规程。

1.0.2 本规程适用于以地热井提取地热流体为热源的城镇供热工程的规划、设计、施工、验收及运行管理。

1.0.3 开发地热用于供热时应同时考虑回灌措施，应采取采灌平衡或总量控制的开发方式。

1.0.4 城镇地热供热工程除应执行本规程外，尚应符合国家现行有关标准的规定。

2 术　　语

2.0.1 地热资源　geothermal resources

在可以预见的时间内，能够为人类经济、合理开发利用的地球内部的地热能，包括作为主要地热载体的地热流体及围岩中的热能。

2.0.2 地热田　geothermal field

在当前或近期技术经济条件下有开发利用价值的地热资源富集区。

2.0.3 地热流体　geothermal fluid

温度高于25℃的地下热水、蒸汽和热气体的总称。

2.0.4 稳定流温　temperature of steady flow

长期稳态开采条件下的地热流体温度。

2.0.5 地热井　geothermal well

能够开采出地热流体的管井。开采地热流体的井称为"开采井"或称"生产井"；将利用后的地热流体回灌到热储层的井称为"回灌井"。

2.0.6 地热直接供热系统　geothermal direct heating system

地热流体直接进入终端用热设备的供热系统。

2.0.7 地热间接供热系统　geothermal indirect heating system

采用换热器进行地热流体与供热循环水换热的供热系统。

2.0.8 地热供热调峰系统　peak load system for geothermal heating

承担供热尖峰热负荷的其他热源系统。

2.0.9 地热防腐　geothermal anti-corrosion

防止地热流体对设备腐蚀而采取的措施。

2.0.10 地热防垢　geothermal scale prevention

防止地热流体结垢而采取的措施。

2.0.11 地热流体除砂　geothermal water sand removal

去除地热流体中固体颗粒的措施。

2.0.12 地热回灌　geothermal reinjection

将供热利用后的地热流体通过回灌井，重新注入热储的措施。

2.0.13 同层回灌　geothermal reinjection into same reservoir bed

将地热流体回灌至同一开采热储的回灌方式。

2.0.14 异层回灌　geothermal reinjection into different reservoir bed

将地热流体回灌至不同热储的回灌方式。

3 设计基本规定

3.1 一 般 规 定

3.1.1 地热供热工程设计前，必须对工程场地及周边状况等资料进行搜集和调查。

3.1.2 地热供热工程应依据地热资源勘查部门所提供的资源可采储量及地热井参数进行设计。主要参数应包括地热流体稳定条件下的温度、流量、压力或水位。

3.1.3 地热供热设计应确定地热供热负荷、调峰负荷、供热工艺流程和地热井井泵选型。

3.1.4 地热供热系统设计与能源配置应考虑下列措施：

1 采用地热梯级综合利用形式；

2 设置调峰系统；

3 采用蓄热储能系统；

4 采用自动控制装置；

5 采用低温高效的末端装置。

3.1.5 中、低温地热田供热工程设计，地热资源可开采量的保证程度应按现行国家标准《地热资源地质勘查规范》GB 11615的有关规定执行。

3.2 热 负 荷

3.2.1 地热用户采暖通风与空气调节设计热负荷的确定应按国家现行标准《采暖通风与空气调节设计规范》GB 50019、《城市热力网设计规范》CJJ 34、《民用建筑节能设计标准（采暖居住建筑部分）》JGJ 26 和《公共建筑节能设计标准》GB 50189 的规定执行；既有建筑应按调查实际热负荷确定；生活热水设计热负荷应按现行国家标准《建筑给水排水设计规范》GB 50015 的规定执行。

3.2.2 地热供热系统设计应以地热承担基本热负荷，辅助能源承担调峰热负荷。热负荷应按下列规定计算：

1 地热基本热负荷应按下式计算：

$$Q_d = \frac{1}{3600} G_d \times \rho_P \times C_P \times (t_{di} - t_{do}) \quad (3.2.2\text{-}1)$$

式中：Q_d——基本热负荷（kW）；

$\quad\quad G_d$——地热井开采量（m^3/h）；

$\quad\quad \rho_P$——地热流体的密度（kg/m^3）；

$\quad\quad C_P$——地热流体的定压比热 [$kJ/$（$kg \cdot ℃$）]；

$\quad\quad t_{di}$——地热流体供水温度（℃）；

$\quad\quad t_{do}$——无调峰装置时地热流体回水温度（℃）。

2 调峰热负荷应按下式计算：

$$Q_t = Q - Q_d \quad (3.2.2\text{-}2)$$

式中：Q_t——调峰热负荷（kW）；

$\quad\quad Q$——设计热负荷（kW）。

3.3 地热利用率

3.3.1 地热利用率应按下式计算：

$$\eta = \frac{Q_s}{Q_{max}} = \frac{t_1 - t_2}{t_1 - t_0} \quad (3.3.1)$$

式中：η——地热利用率；

$\quad\quad Q_s$——地热实际利用热量（kW）；

$\quad\quad Q_{max}$——地热最大可供热量（kW）；

$\quad\quad t_1$——地热稳定流温（℃）；

$\quad\quad t_2$——地热流体排放温度（℃）；

$\quad\quad t_0$——当地年平均气温（℃）。

3.3.2 地热利用率不应小于 60%。

4 地热供热系统

4.1 直接供热系统

4.1.1 当地热水水质符合供热水质标准，或供热系统及末端装置采用非金属材料并不会产生结垢堵塞时，可采用地热直接供热系统。

4.1.2 地热直接供热系统应由热源、输配系统、末端装置组成（图4.1.2）。热源部分应包括地热开采井、回灌井等。

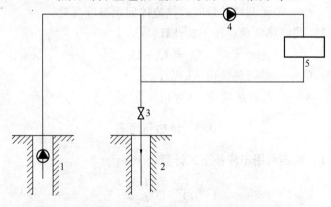

图4.1.2　地热直供系统工艺流程示意
1—开采井；2—回灌井；3—温控阀；4—循环泵；5—热用户

4.2 间接供热系统

4.2.1 城镇地热供热工程宜采用间接供热系统。

4.2.2 地热间接供热系统由热源、输配系统、末端装置组成（图4.2.2）。热源部分应包括地热开采井、回灌井、换热器等。

4.2.3 温度较高的地热流体应采用高温段和低温段适合的末端设备实现地热能梯级利用。

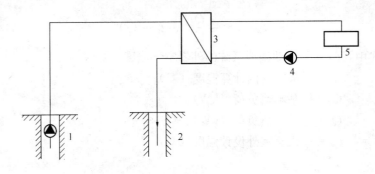

图 4.2.2　地热间供系统工艺流程示意

1—开采井；2—回灌井；3—换热器；4—循环泵；5—热用户

4.3　调　峰　系　统

4.3.1　地热供热工程应设置调峰系统（图 4.3.1）。

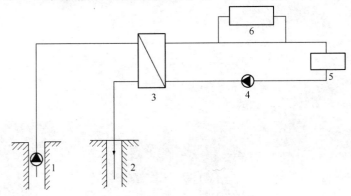

图 4.3.1　地热供热调峰系统工艺流程示意

1—开采井；2—回灌井；3—换热器；4—循环泵；5—热用户；6—调峰热源

4.3.2　调峰热源宜采用水源热泵，燃煤、燃气、燃油锅炉，城市集中供热热源等。

4.3.3　设计调峰热负荷应依据地域气象条件、地热利用率、技术经济等因素确定。调峰负荷宜占总负荷的 20％～40％。

4.3.4　启动调峰系统的室外温度应按下式计算：

7

$$t_{wk} = t_n - \frac{Q_d}{Q_n} \times (t_n - t'_w)$$ (4.3.4)

式中：t_{wk}——启动调峰系统的外界空气温度（℃）；

t_n——采暖室内计算温度（℃）；

Q_d——基本热负荷（kW）；

Q_n——设计热负荷（kW）。

t'_w——采暖室外设计温度（℃）。

5 地热井泵房

5.1 土 建

5.1.1 地热井泵房位置选择和总平面布置应符合下列要求：

1 应满足城镇规划和小区总体规划要求；

2 应有维修场地和较好的通风采光条件；

3 地热尾水应有排放去处。

5.1.2 地热井泵房建筑应符合下列要求：

1 井泵房宜采用地上独立建筑；

2 井泵房与周边建筑间距不应小于 10m，并应符合现行国家标准《建筑设计防火规范》GB 50016 和《声环境质量标准》GB 3096 的规定。

5.1.3 自流井严禁采用地下或半地下井泵房。

5.1.4 地上式井泵房建筑应符合下列要求：

1 平面布置应满足工艺和管理要求；

2 井泵房室内地面应做排水明沟；

3 井泵房地面标高应高于室外地面 200mm；

4 积水坑自流排水管管径应满足地热井出水量；

5 应设置起重设备，并应符合下列要求：

    1） 当采用移动式起重设备时，室内净高不应小于4.0m，且应在与井口垂直的屋顶设置不小于 1.0m ×1.0m 的吊装孔；

    2） 当采用固定式起重设备时，室内净高不应小于 6m；

    3） 吊装孔可设计为活动盖板；

6 井泵房内应设置机械通风装置；

7 地热井中心线至内墙面的间距不应小于 1.5m。

5.1.5 地下或半地下式井泵房的建筑除应符合本规程第 5.1.4

条中第1、2款和第4~7款的有关规定外，还应符合下列要求：

    1 井泵房屋顶应设置井泵提升孔、进出人孔、进气孔及排气孔，并做防水；进气孔、排气孔管道室外部分均应设防雨、防尘帽，并在附近设置警示标志；

    2 进气孔管道应高出室外地面300mm，排气孔管道应高出室外地面500mm；

    3 室内排水沟末端应设置集水坑，并应安装自动潜水排污泵；

    4 进出泵房的各种管道、电缆应预埋穿墙防水套管；

    5 地下式井泵房不应建在其他建筑物之下。

5.1.6 当地热井水温超过45℃时，地下或半地下式井泵房必须设置直通室外的安全通道。

5.2 井   泵

5.2.1 地热井井泵的选型应符合下列要求：

    1 应满足地热流体的温度和腐蚀性要求，宜采用耐热潜水电泵或长轴深井热水泵；

    2 井泵的选型应根据地热井的温度、流量、水质、动水位、静水位、井口出水压力等要求确定，并应符合下列要求：

      1）井泵的流量应根据单井的流量-降深曲线（Q-S曲线）确定，并考虑发展余量；

      2）井泵的扬程应按下式计算：

$$H = H_1 + \frac{H_2 \times V^2}{2g + h} \qquad (5.2.1)$$

式中：H——井泵的扬程（m）；

     H_1——动水位液面到泵座出口测压点的垂直距离（m）；

     H_2——系统所需的扬程（m）；

     V——流体流速（m/s）；

     g——重力加速度（m/s^2）；

     h——井内泵管的沿程阻力损失（m）。

5.2.2 地热井泵宜配置变频控制装置。

5.2.3 井泵管的设计应符合下列要求：

    1 井泵的吸入口必须位于动水位下 8m～10m 处；

    2 地热流体腐蚀性轻的地热井，井泵管的连接可采用法兰连接；腐蚀性严重的地热井，应选用特种石油套管并采用管螺纹连接；

    3 井泵管应安装水位测量管；

    4 井泵管表面应涂敷聚氨酯漆或环氧树脂漆等防腐涂料。

5.2.4 每年供热期结束后应对地热井泵进行检修。

5.3 井 口 装 置

5.3.1 地热井应根据地热流体压力和温度的不同，分别采用不同类型的井口装置。温度超过 70℃ 或压力超过 0.1MPa 的自流地热井，应采用防喷型井口装置。

5.3.2 当地热流体含有天然气或其他有害气体时，井口应安装气水分离器。

5.3.3 地热井口装置应满足下列要求：

    1 能承受所需的温度、压力；

    2 密封性良好；

    3 满足井管伸缩；

    4 配置测量流体温度、压力和流量的仪表；

    5 能适应更换泵型规格的要求；

    6 井口顶盖应具备可开启的水位测量孔。

5.3.4 井口宜设置微正压氮气保护系统，且充氮装置应设置自动压力控制设备。

5.4 地热流体除砂

5.4.1 当地热水含砂量的容积比大于 0.05‰时，井口应设置除砂器。

5.4.2 除砂器的选型应符合能耗低、排砂方便、流体温度降低少、地热流体不与空气接触等要求。

6 地热供热站

6.1 土 建

6.1.1 地热供热站宜靠近用热负荷中心,其位置的选择、总平面布置和建筑应符合本规程第 5.1.1、5.1.2 条的规定。

6.1.2 地上式供热站的建筑与结构应符合下列要求:

    1 平面布置应满足工艺要求;

    2 功能分区应明确且管理方便;

    3 供热站设备间地面应设排水明沟;

    4 外墙上应预留大型设备安装和维修时用的哑口;

    5 地热流体含有有毒气体时,应设置机械通风装置。

6.1.3 地下或半地下式供热站的建筑与结构除应符合本规程第 6.1.2 条的规定外,还应符合下列要求:

    1 设备间排水明沟末端应设置集水坑,并应设置自动潜水排污泵;

    2 进出供热站的各种管道、电缆应预埋穿墙防水套管;

    3 出入通道或在屋顶开设备吊装孔的尺寸应满足设备最大组件的运输要求;

    4 对于自流井,供热站必须与井口泵房隔离,两者之间不得设连接通道和开放型连接管道,也不得共用排污沟。

6.2 供热站设备

6.2.1 换热器的选用应符合下列要求:

    1 应传热性能好、流通阻力小、耐腐蚀、在使用压力和温度下安全可靠;

    2 换热器应根据地热水温和水质选型及选材;

    3 地热供热系统宜选用板式换热器,对于高温、高压的地热供热系统应采用管壳式换热器；

4 换热器进口处应设置过滤器。

6.2.2 热泵的选用应符合下列要求：

1 热泵机组应根据工艺要求选型；

2 对于有腐蚀性的地热流体，可选用耐腐蚀材料制造的热泵机组换热设备，或采用换热器将热泵机组与地热流体隔开的工艺流程；

3 热泵机组应设置控制低温热源进水温度的自动控制装置。

6.2.3 储水装置应符合下列要求：

1 根据工艺要求和场地情况，可采用水箱、水罐或蓄水池；

2 选材应考虑地热流体的温度和腐蚀性；当采用钢制储水装置时，装置内部应进行防腐处理，且防腐处理应按国家现行有关标准执行；

3 储水装置应采取保温措施；

4 储水装置应设置溢流、泄水、放气口，并应设置温度及液位传感器；

5 在地下式或半地下式供热站，储水装置必须设置直通室外的排气通道，不得将气体排至供热站内；

6 储水装置应设置自动补水和水位高低限报警装置。

6.3 供热站供配电

6.3.1 地热供热系统配电设备及配电线路的选择与安装应按现行国家标准《低压配电设计规范》GB 50054 和《通用用电设备配电设计规范》GB 50055 的规定执行。

6.3.2 地热供热站、地热井泵房的防雷设计应按现行国家标准《建筑物防雷设计规范》GB 50057 的规定执行。

7 地热供热管网与末端装置

7.1 地热供热管网

7.1.1 地热供热管网的设计和施工应按现行行业标准《城市热力网设计规范》CJJ 34 和《城镇供热管网工程施工及验收规范》CJJ 28 的规定执行。

7.1.2 地热供热管道宜采用直埋敷设，并应符合现行行业标准《城镇直埋供热管道工程技术规程》CJJ/T 81 的规定。

7.1.3 地热水输送管道应根据地热流体的化学成分，按其腐蚀性、结垢等特点，选用安全可靠的管材，并应符合国家现行标准的规定。当采用非金属管材时，其性能应符合本规程附录 A 的要求。

7.2 末端装置

7.2.1 地热供热系统末端装置的设计应符合国家现行标准《采暖通风与空气调节设计规范》GB 50019、《地面辐射供暖技术规程》JGJ 142 的规定。

7.2.2 地热供热系统末端装置的设计应与地热供热站设计统筹考虑，设计参数和系统形式应经过技术经济比较后确定。

7.2.3 地热供热系统末端装置的形式与供水温度可按表 7.2.3 选取。

表 7.2.3 地热供热系统末端装置形式与供水温度

末端装置形式	供水温度范围（℃）	宜采用的供水设计温度（℃）
散热器	60～90	≥60
风机盘管	40～65	≤50
地板辐射	35～60	≤45

7.2.4 地热供热系统的末端设备应设置室内温度调节装置，并应按户设置热计量或热量分摊装置。

8 地热水供应

8.0.1 城镇区域性地热水供应系统的设计应根据当地地热资源的情况，并结合城镇的发展规划进行。

8.0.2 地热水供应系统的设计内容应包括地热水的利用方式、供应范围、供应规模以及系统设施的布置等。

8.0.3 地热水宜就近利用，地热水输送时的温降不应大于0.6℃/km。

8.0.4 地热水供应宜采用直供系统。

8.0.5 地热水直接供生活用水时，水质必须符合国家现行相关标准的规定。

8.0.6 生活热水或其他热水供应系统的设计应符合现行国家标准《建筑给水排水设计规范》GB 50015 的规定。

8.0.7 当地热水中含有 H_2S、CH_4 等有毒、可燃、易爆气体时，必须进行气水分离处理，并应加强室内的通风。

8.0.8 对于区域性地热水供应系统，应设置保温调节池。

8.0.9 地热水供应系统的调节池、泵站及其附属设施应符合现行国家标准《室外给水设计规范》GB 50013 的规定。

9 地热系统防腐与防垢

9.1 一 般 规 定

9.1.1 地热供热工程防腐设计必须依据国家认定部门检测的水质全分析报告，报告的内容和格式可按本规程附录 B 的要求执行。

9.1.2 地热流体的腐蚀性和结垢性应依据水质分析报告或进行试验确定，并应符合下列要求：

1 当地热流体中氯离子（Cl^-）毫克当量百分数小于或等于 25% 时，宜按雷兹诺指数（RI）判定地热流体的结垢性，雷兹诺指数的计算方法和结垢性判定应符合本规程附录 C 的有关规定；

2 当地热流体中氯离子（Cl^-）毫克当量百分数大于 25% 时，宜按拉申指数（LI）判定地热流体的结垢性；拉申指数的计算方法和结垢性判定应符合本规程附录 D 的有关规定；

3 地热流体的腐蚀性可按拉申指数判定，腐蚀性判定应符合本规程附录 D 的有关规定。

9.1.3 设备和管道的外防腐应按现行行业标准《化工设备、管道外防腐设计规定》HG/T 20679 的有关规定执行。

9.2 防 腐 措 施

9.2.1 当地热流体具有腐蚀性时，应采取下列防腐措施之一或同时采用两种以上措施：

1 采用有换热器的间接供热系统；

2 采用防腐材料；

3 系统隔绝空气；

4 地热流体接触的金属表面涂敷防腐涂料；

5 电化学防腐。

9.2.2 与有腐蚀性地热流体直接接触的管道或容器，宜采用非金属材料，并应符合下列要求：

1 室外输送地热流体的管道，宜采用适合该流体温度和压力的玻璃钢材料；

2 地热流体储存容器，宜采用内衬防腐材料的钢罐或采用玻璃钢材料；

3 室内地热流体输送管道，可根据现行行业标准《地面辐射供暖技术规程》JGJ 142 的要求选用。

9.2.3 当采用间接供热系统时，换热器前与地热流体直接接触的管道或设备，应采取隔绝空气或采取井口充氮气的防腐措施。

9.2.4 受流体高速冲击、易磨蚀的部件和转动的部件，其金属表面不应采用涂敷防腐涂料的防腐方法。

9.2.5 **严禁采用在地热流体中添加防腐剂的防腐处理方法。**

9.2.6 当地热供热系统采用金属材料时，防腐设计应符合下列要求：

1 金属板之间的连接不宜采用叠接方式；

2 除必须采用法兰连接的设备、阀门外，其他设备应采用焊接；

3 设备停运时，应能将地热流体完全排净；

4 应选择合理的介质流速；

5 易损件应便于更换。

9.3 防垢除垢措施

9.3.1 对结垢性的地热流体，应对与地热流体直接接触的设备采取防垢或阻垢措施。

9.3.2 阻垢可采用增压法、化学法或物理阻垢法。

9.3.3 **回灌系统严禁使用化学法阻垢。**

9.3.4 除垢可采用化学清洗、水力破碎和机械除垢等方法。

10 地热供热系统的监测与控制

10.0.1 地热井井泵和循环泵应采用变频控制装置。

10.0.2 地热供热系统应在便于观察到的位置设置监测仪表，并应监测下列重要参数：

   1 地热井供回水温度和循环供回水温度；

   2 地热流体侧流量和循环水侧流量；

   3 地热供回水压力和循环供回水及补水压力；

   4 地热井的水位。

10.0.3 地热供热系统除应按本规程第 10.0.2 条的规定设置现场监测仪表外，还宜采用集中监控系统。

10.0.4 流量、温度、压力传感器的测量范围和精度应与二次仪表匹配。

10.0.5 地热井的水位监测可采用自动水位监测仪，也可采用人工的导线电阻测深方法。

10.0.6 井下自动水位监测仪测试探头应安装在井泵的吸入口 5m 以上。信号线的保护套应与泵管固定，信号线出井口处必须密封。

11 环 境 保 护

11.0.1 地热资源开发利用应进行环境影响评价。

11.0.2 当地热尾水排入城市污水管道时，水质应符合现行行业标准《污水排入城市下水道水质标准》CJ 3082 的有关规定。

11.0.3 当地热尾水用于灌溉时，水质应符合现行国家标准《农田灌溉水质标准》GB 5084 的有关规定。

11.0.4 当地热尾水排入地表水体时，水质应符合现行国家标准《污水综合排放标准》GB 8978 的有关规定。

11.0.5 **地热供热尾水排放温度必须小于 35℃。**

12 地热回灌

12.1 一般规定

12.1.1 地热供热系统应采取回灌措施。受污染的地热流体严禁回灌。

12.1.2 地热回灌应采用原水同层回灌。当采用异层回灌时，必须进行回灌水对热储及水质的影响评价。

12.2 系统设计

12.2.1 地热回灌系统必须是一个完整的封闭系统。回灌可采用真空回灌、自然回灌或加压回灌等方式。

12.2.2 地热回灌系统应包括井泵房、井口装置、地热回灌监测装置、水质净化过滤装置、排气装置、加压装置、进排水管路等。

12.2.3 回灌井井口必须安装水位、水温、流量、压力等动态监测仪器仪表。

12.2.4 回灌管网应能保证空气的排出和清洗方便。

12.2.5 回灌水应进行过滤处理，并应符合下列要求：

    1 对基岩型热储层，回灌过滤精度应达到 $50\mu m$；

    2 对孔隙型热储层，过滤精度应达到 $3\mu m \sim 5\mu m$。

12.3 系统运行前准备

12.3.1 回灌前应对系统装置进行检查，并应符合下列要求：

    1 开采井、回灌井的井口动态监测仪器仪表正常；

    2 回灌系统电源、设备和阀门状态正常；

    3 回灌管网已密闭；

4 必须将生活热水尾水或其他被污染的地热水与回灌水分离，不得将其混入回灌水中。

12.3.2 回灌前应对系统管路进行彻底冲洗，冲洗时间应以目测冲洗排水的透明度与原水相同时为合格。

12.4 系 统 运 行

12.4.1 回灌过程中应定期对开采量、回灌量、井口压力及水质进行动态监测。人工测量水位的测量管应只在动态监测时开启，测量结束后应及时关闭。回灌系统动态监测数据表可按本规程附录 E 的要求执行。

12.4.2 回灌开始后，应及时检查整个回灌系统的密封情况，定期检查排气罐和过滤装置是否正常。

12.4.3 判断回灌井发生堵塞时应及时采取有效措施，回灌堵塞的判别及处理措施应符合本规程附录 F 的规定。

12.4.4 当采用加压回灌时，回灌压力与流量应经过回灌试验确定。

12.4.5 当过滤装置两端的压差达到 50kPa～60kPa 时，应进行清洗或更换滤料。

12.5 系统停灌及回扬

12.5.1 停灌后应及时回扬洗井。

12.5.2 回扬后应将回灌水管取出，并采取防腐等保养措施。

12.5.3 回灌井井口应及时封闭，并应对系统进行密封，将液面以上的井管内充满氮气。

13 地热资源的动态监测

13.0.1 地热井应进行地热资源长期动态监测、日常开采动态监测和开发利用管理动态监测。

13.0.2 地热资源日常开采动态监测应包括地热井的地热流体（包括回灌流体）的温度、流量、压力、水位和水质，并应符合下列要求：

  1 地热井的水位监测应符合下列要求：

    1）停采期应测量静水位，开采期应测量稳定的动水位；

    2）供热期内，人工水位监测应每 5d 进行 1 次，每次测量 2 次～3 次，测水位时应同时记录水温；

    3）测水位的量具应每年校验 1 次。

  2 地热井地热流体稳定温度监测应符合下列要求：

    1）稳定温度应每天监测 1 次；

    2）停采期，测温仪的探头应置于静水位以下 1.0m 处；

    3）开采期，测温点应靠近井口；

    4）测量的仪器仪表应每年校验或标定 1 次。

  3 地热井的流量监测应符合下列要求：

    1）流量监测应包括瞬时流量监测和开采量统计，瞬时流量监测应每天 1 次，开采量统计每月不应少于 1 次；

    2）瞬时流量可采用井口水表进行监测，每次应测量 2 次～3 次，也可采用流量传感器自动监测；

    3）计量流量的仪器，应每年校验或标定 1 次。

  4 地热井的水质监测应符合下列要求：

    1）地热井的水质检测项目应为水质全分析；

    2）地热井的水质监测应在供热期内进行，每年至少 1

次，取样时间应选在开采井达到稳态运行时；

  3）取样点应靠近井口，采样要求应按现行国家标准《地热资源地质勘查规范》GB 11615 执行；

  4）应委托有相应资质的单位进行水质检测。

13.0.3 对地热开发规模较大的地区，应设置地热专用动态观测井。对开发程度较低的地区，可利用地热供热井进行动态监测。

13.0.4 地热井动态监测各项原始数据必须及时整理、校核，并应编制地热井动态监测资料统计表，资料应包括纸质文件和电子文档，且应按档案管理规定对资料进行系统归档保存。

14 施工与验收

14.0.1 地热供热工程施工应具备工程区域的工程勘察资料、项目可行性分析、设计文件、施工图纸和图纸会审记录等。

14.0.2 承担地热供热工程施工、监理的单位应具有相应资质。

14.0.3 施工单位应编制施工组织设计，且应由工程监理单位审核批准。

14.0.4 地热供热工程施工应符合下列要求：

　　1 设备、材料、配件等应具有产品质量合格证和性能检验报告，并应实行设备、材料报验制度；

　　2 热泵机组及室内系统安装应符合现行国家标准《制冷设备、空气分离设备安装工程施工及验收规范》GB 50274 和《通风与空调工程施工质量验收规范》GB 50243 的规定；

　　3 镀锌钢管宜采用螺纹连接，当管径大于或等于 100mm 时宜采用无缝钢管焊接或法兰连接；

　　4 当在含有油气的管道和设备上施工时，必须将油气清理干净并采取安全措施；

　　5 用聚乙烯原料制造的管材或管件应采用电熔连接；施工前应进行试验，判定连接质量合格后方可进行；

　　6 所有隐蔽工程应在隐蔽前检验合格，并应保留隐蔽工程的检验记录资料；

　　7 管道保温工程的施工及质量要求应符合现行国家标准《工业设备及管道绝热工程施工规范》GB 50126 的规定；

　　8 管道接头保温应在管道系统强度与严密性检验合格和防腐处理结束后进行；

　　9 系统调试所使用的仪器、仪表的精度等级应符合国家计量法规和检验标准的规定；自动化仪器、仪表的安装及线缆敷设应符合现行国家标准《自动化仪表工程施工及验收规范》GB 50093 的相关规定；

    10 地热井口装置的施工应符合下列要求：

        1）基础的铸铁或钢制构件与混凝土基础应浇筑在一起，基础钢构件应保持水平位置，水平倾角不得超过 0.2°；

        2）混凝土养护达到要求后，应在填料涵中嵌入填料盘根，当水温超过 100℃时，应采用耐高温石墨盘根；

        3）地热井口装置应考虑热膨胀；

        4）地热井口装置安装时必须保证井口水平和密封；硬连接的井口在井管露出水泥地面时，应设置隔离护套；应在管道水平段设置不小于 300mm 长的金属软接管。

14.0.5 工程施工安装完成后，必须对管道系统依次进行强度试验、严密性试验和清洁，并应符合现行行业标准《城镇供热管网工程施工及验收规范》CJJ 28 的规定。

14.0.6 地热供热工程竣工验收应符合下列要求：

    1 竣工验收应在工程施工质量得到有效监控的前提下进行；

    2 竣工验收应由建设单位组织设计、施工、监理单位及政府有关部门共同进行，合格后方可办理竣工验收手续；

    3 地热供热工程竣工验收时，应完善竣工资料，可包括下列文件和记录；

        1）图纸会审、设计变更和竣工图等；

        2）主要材料、设备的出厂合格证明及检验报告；

        3）隐蔽工程检查验收和施工记录；

        4）工程设备、管道系统安装及检验记录；

        5）管道冲洗、试压记录；

        6）设备试运行记录。

14.0.7 地热井泵房、地热供热站及建筑物内供热系统和热水供应系统的施工与验收应符合国家现行标准《通风与空调工程施工质量验收规范》GB 50243、《制冷设备、空气分离设备安装工程施工及验收规范》GB 50274、《地源热泵系统工程技术规范》GB 50366、《建筑给水排水及采暖工程施工质量验收规范》GB 50242和《城镇供热管网工程施工及验收规范》CJJ 28 的有关规定。

15 运行、维护与管理

15.0.1 地热供热系统投入运行前应进行试运行，并应符合下列要求：

1 应对系统进行全面的检查、调试，应包括供热循环水侧的注水、试压，按操作规程调试、启动机房设备和地热井井泵；

2 应制定试运行方案；

3 系统的压力和温度应逐步提升至设计要求；

4 地热井井泵应在设计工况下运行 4h 后停泵，并迅速测量电机的热态绝缘电阻，其值大于 $0.5M\Omega$，方可投入正式运行。

15.0.2 井泵重新启动必须在停泵 15min 后进行。

15.0.3 井泵正常运行后，每运行 2h 应检查电流表、电压表、压力表指示值，指示值不应有显著变化，且每周应对电机的绝缘电阻进行检查。

15.0.4 当出现下列情况之一时，地热井井泵应立即停止运行：

1 井泵的工作状态没有改变，电压为额定值而电流超过电机额定电流值；

2 出水量不正常，水中含砂量显著增加；

3 机组有显著噪声和异常振动。

15.0.5 地热井井泵应每年检修一次。

15.0.6 地热供热系统运行中应对下列项目进行观测和记录：

1 地热水的开采量和回灌量；

2 换热器、过滤装置及管路的压力数据变化；

3 换热器冷、热流体进出口的温度；

4 事故、故障的记录；

5 维护、检修的记录。

15.0.7 供热期结束，应对地热井井泵、循环泵、补水泵、热泵、换热器及调峰等设备进行维护保养。

15.0.8 地热热源与调峰热源联合运行的系统中，地热热源应首先投入运行，满负荷以后，调峰热源应按照多热源联网方式运行，并应随室外气温变化增减负荷。

附录 A 非金属管材物理性能

A.0.1 玻璃钢（FRP）的物理性能应符合表 A.0.1 的规定。

表 A.0.1 玻璃钢（FRP）的物理性能

物理参数	物 理 性 能	
	环氧树脂	乙烯基树脂
膨胀系数[mm/(m·K)]	0.0227	0.0189
导热系数[W/(m·K)]	0.35	0.19
密度(kg/cm³)	1800	1850
使用温度(℃)	−30～120(最高 150)	−30～120(最高 150)

A.0.2 氯化聚氯乙烯（CPVC）的物理性能应符合表 A.0.2-1 的规定，适用温度和压力应符合表 A.0.2-2 的规定。

表 A.0.2-1 氯化聚氯乙烯(CPVC)的物理性能

物理参数	物理性能	物理参数	物理性能
热变形温度(℃)	105	弯曲强度(MPa)	106
密度(kg/cm³)	1550	线膨胀系数[mm/(m·K)]	0.034
拉伸强度(MPa)	55	最高使用温度(℃)	105

表 A.0.2-2 氯化聚氯乙烯(CPVC)的适用温度、压力

温度(℃)	23	27	32	38	43	49	54	60	66	71	77	82	88	95	100
压力(MPa)	1.5	1.5	1.5	1.35	1.35	1.2	1.05	0.9	0.9	0.75	0.75	0.6	0.55	0.45	0

A.0.3 耐热聚丙烯（PP-R）的物理性能应符合表 A.0.3 的规定。

物理参数	物理性能	物理参数	物理性能
密度(kg/cm³)	901	常温爆破压力(MPa)	5.8
拉伸强度(MPa)	40.7	线膨胀系数[mm/(m·K)]	0.0978
弯曲强度(MPa)	27.6	适用温度(℃)	95

A.0.4　聚丁烯（PB）的物理性能应符合表 A.0.4-1 的规定，适用温度、压力应符合表 A.0.4-2 的规定。

表 A.0.4-1　聚丁烯（PB）的物理性能

物理参数	物理性能
相对密度（kg/cm³）	925
膨胀系数［mm/（m·K）］	0.1278
导热率［W/（m·K）］	0.216

表 A.0.4-2　聚丁烯（PB）的适用温度、压力

温度（℃）	20	30	40	50	60	70	80	90
压力（MPa）	1.66	1.57	1.46	1.36	1.21	1.07	0.86	0.59

A.0.5　交联聚乙烯（PEX）的物理性能应符合表 A.0.5 的规定。

表 A.0.5　交联聚乙烯（PEX）的物理性能

物理参数	物理性能	物理参数	物理性能
密度(kg/cm³)	910～960	常温下使用温度(℃)	−70～110
拉伸强度(MPa)	40	0.7MPa 压力下使用温度(℃)	82
弯曲弹性模量(MPa)	600	导热系数[W/(m·K)]	0.41
熔点(℃)	140	热膨胀系数[mm/(m·K)]	0.2

A.0.6　铝塑复合管（PEX-Al）的物理性能应符合表 A.0.6 的规定。

表 A.0.6 铝塑复合管（PEX-Al）的物理性能

物理参数		物理性能
导热系数 [W/（m·K）]		0.45
热膨胀系数 [mm/（m·K）]		0.025
弯曲半径		≥5D
工作温度（℃）		−40～95
压力（MPa）	普通型	1.0
	加强型	1.6

附录B 地热水质全分析报告

B.0.1 地热水质全分析报告的内容和格式可按表B.0.1设置。

表 B.0.1 地热水质全分析报告表

委托单位＿＿＿＿＿＿＿ 取样编号＿＿＿＿＿＿＿ 分析编号＿＿＿＿＿＿＿
取样地点＿＿＿＿＿＿＿＿＿＿＿＿＿＿＿＿＿ 送样日期＿＿＿＿＿＿＿
取样深度＿＿＿＿＿＿＿ 水温＿＿＿＿＿＿℃ 分析日期＿＿＿＿＿＿＿

分析项目		每公升水中含量			分析项目	德国度	分析项目	mg/L
		mg	毫克当量	毫克当量%	总硬度		游离 CO_2	
阳离子	K^+				永久硬度		侵蚀性 CO_2	
	Na^+				暂时硬度		DO	
	Ca^{2+}				负硬度		COD	
	Mg^{2+}				总碱度		S^{2-}	
	Fe^{3+}				总酸度		pH	
	Fe^{2+}							
	NH_4^+							
	Cu^{2+}							
	Al^{3+}							
	Mn^{2+}							
	Zn^{2+}							
	Li^+							
	总计							
阴离子	Cl^-							
	SO_4^{2-}							
	HCO_3^-							
	CO_3^{2-}							
	NO_2^-							
	NO_3^-							
	F^-							
	Br^-							
	I^-							
	PO_4^{3-}							
	HBO_2							
	总计							
可溶性 SiO_2		mg/L						
总矿化度		mg/L						
固形物		mg/L						

有害组分分析

分析项目	mg/L
Hg^{2+}	
TCr	
Cr^{6-}	
As^{3+}	
Pb^{2+}	
Cd^{2+}	
CN^-	
酚	

放射性元素

分析项目	mg/L
U	
Ra	
Rn	

气体分析

分析项目	mg/L
CO	
CO_2	
O_2	
N_2	
H_2S	

备注

技术负责人：　　分析负责人：　　核对：　　制表：

附录 C 雷兹诺指数的计算方法和结垢性判定

C. 0. 1 雷兹诺指数和流体的 pH 计算值应按下列公式确定：

$$RI = 2pH_s - pH_a \qquad (C. 0. 1-1)$$

$$pH_s = -\log[Ca^{2+}] - \log[ALK] + K_c \qquad (C. 0. 1-2)$$

式中：RI——雷兹诺指数；

pH_s——流体的 pH 计算值；

pH_a——流体的 pH 实测值；

$[Ca^{2+}]$——流体中钙离子的摩尔浓度；

$[ALK]$——总碱度，即重碳酸根 HCO_3^- 离子摩尔浓度；

K_c——常数，按图 C. 0. 1-1、图 C. 0. 1-2 取值。

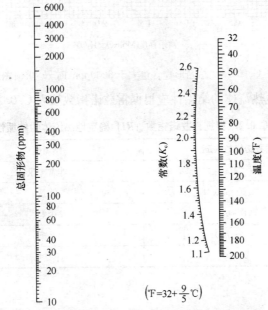

图 C. 0. 1-1　总固形物含量小于 6000ppm 时 K_c 求值图

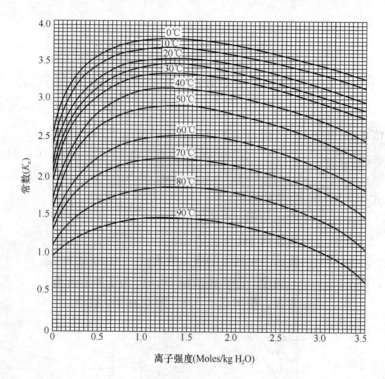

图 C.0.1-2 总固形物含量大于 6000ppm 时 K_c 求值图

C.0.2 地热流体的结垢性应根据雷兹诺指数按表 C.0.2 确定。

表 C.0.2 根据雷兹诺指数（*RI*）确定地热流体的结垢性

雷兹诺指数（*RI*）	结垢性
<4.0	非常严重
4.0～5.0	严重
5.0～6.0	中等
6.0～7.0	轻微
>7.0	不结垢

附录 D 拉申指数的计算方法和结垢性、腐蚀性判定

D.0.1 拉申指数应按下式确定：

$$LI = \frac{[Cl] + [SO_4]}{ALK} \quad\quad (D.0.1)$$

式中：LI——拉申指数；

$\quad$ [Cl]——氯化物或卤化物浓度，以等当量的 $CaCO_3$（mg/L）表示；

$\quad$ [SO_4]——硫酸盐浓度，以等当量的 $CaCO_3$（mg/L）表示；

$\quad ALK$——总碱度，即重碳酸根 HCO_3^- 浓度，以等当量的 $CaCO_3$（mg/L）表示。

上述 [Cl]、[SO_4]、ALK 也可采用相应的该离子的毫克当量数确定。

D.0.2 地热流体的结垢性和腐蚀性可根据拉申指数按表 D.0.2 确定。

表 D.0.2 根据拉申指数（LI）确定地热流体的结垢性和腐蚀性

拉申指数（LI）	结垢性和腐蚀性
≤0.5	为结垢性流体，没有腐蚀
>0.5	为腐蚀性流体，不结垢
>0.5，≤3.0	为轻腐蚀性流体
>3.0	为强腐蚀性流体

附录 E 回灌系统动态监测数据表

E.0.1 回灌系统动态监测数据表可按表 E.0.1 设置。

表 E.0.1 回灌系统动态监测数据表

____年____月

井号：_____，_____ 　　　　　　　　　　井位：_____

地面至测点高度：_____，_____ 　　回灌前回灌井水位埋深_____

日期		开采井数据					回灌井数据				过滤器			管路压力表读数(MPa)	备注
日	时	流量计读数(m³)	瞬时流量(m³/h)	水位(m)	出水温度(℃)	井口压力(MPa)	流量计读数(m³)	瞬时流量(m³/h)	回灌水温度(℃)	水位(m)	井口压力(MPa)	进口压力(MPa)	出口压力(MPa)		

注：1 如果是多井采灌系统，应分别记录每一眼开采井、回灌井的数据；

　　2 回灌运行期间每 8h 观测一次，停灌期间每 15d 观测一次；

　　3 每天观测时间保持一致；

　　4 特殊情况随时观测记录；

　　5 备注栏记录各种特殊情况及观测人姓名。

附录 F 回灌堵塞的判别及处理措施

F.0.1 回灌运行出现下列现象之一时，可判断系统出现堵塞：

  1 回灌井水位突然上升或连续上升，单位回灌量逐渐减少；

  2 保持一定水位时，回灌量逐渐减少；保持一定回灌量时，回灌水位逐渐上升；

  3 回灌井多年运行后，单位回灌量或回扬时单位涌水量逐年减少；

  4 过滤器两端的压力差持续增大。

F.0.2 预防回灌堵塞宜采用下列方法：

  1 经常检查回灌装置密封效果，发现漏气及时处理；

  2 回扬洗井时，应在回扬水管路安装单流阀或 U 型管，或将扬水管出口没入水中，形成水封；

  3 回扬洗井时，应检测回灌井水质；回灌运行时，应定期检测回灌水的水质；

  4 应掌握回灌量和地下水位的动态变化，及时检查有无堵塞现象；

  5 回灌运行时，当发现物理、化学或生物堵塞时，应立即停灌，检查原因并采取措施。

F.0.3 根据回灌井堵塞性质和原因，可采用连续反冲法、化学处理法和灭菌法等处理方法，并应符合下列要求：

  1 回灌井成井时，应将岩层裂隙通道清洗干净；

  2 当回灌管路堵塞时，可直接采用连续反冲洗方法处理；当回灌井堵塞时，可采用间隙停泵反冲洗与压力灌水相结合的多种方法处理；

  3 对基岩型井回灌系统，应在回灌管管路上安装精度为 $50\mu m$、缠绕棒式滤芯的粗过滤装置，且过滤器两端应安装压力表，当压力变化超过正常值时，应对过滤装置进行反冲洗；

    4 碳酸盐岩溶地区基岩裸眼成井的回灌井，当安装粗过滤器后的回灌效果仍不理想，可采用压裂酸化法洗井措施；

    5 当堵塞沉淀物是 $CaCO_3$ 或 $Fe(OH)_3$，且已与砂胶合成钙质或铁质硬垢时，可采用 HCl（浓度 10%，加酸洗抗蚀剂）使之生成溶解性的 $CaCl_2$ 来处理，但不得造成回灌水二次污染；

    6 对孔隙型井回灌系统除必须装粗过滤器外，还必须装精度为 $3\mu m \sim 5\mu m$ 的精过滤器。

本规程用词说明

1　为便于在执行本规程条文时区别对待，对要求严格程度不同的用词说明如下：

　　1）表示很严格，非这样做不可的：

　　　　正面词采用"必须"，反面词采用"严禁"；

　　2）表示严格，在正常情况下均应这样做的：

　　　　正面词采用"应"，反面词采用"不应"或"不得"；

　　3）表示允许稍有选择，在条件许可时首先应这样做的：

　　　　正面词采用"宜"，反面词采用"不宜"；

　　4）表示有选择，在一定条件下可以这样做的，采用"可"。

2　条文中指明应按其他有关标准执行的写法为："应符合……的规定"或"应按……执行"。

引用标准名录

1 《室外给水设计规范》GB 50013

2 《建筑给水排水设计规范》GB 50015

3 《建筑设计防火规范》GB 50016

4 《采暖通风与空气调节设计规范》GB 50019

5 《低压配电设计规范》GB 50054

6 《通用用电设备配电设计规范》GB 50055

7 《建筑物防雷设计规范》GB 50057

8 《自动化仪表工程施工及验收规范》GB 50093

9 《工业设备及管道绝热工程施工规范》GB 50126

10 《公共建筑节能设计标准》GB 50189

11 《建筑给水排水及采暖工程施工质量验收规范》GB 50242

12 《通风与空调工程施工质量验收规范》GB 50243

13 《制冷设备、空气分离设备安装工程施工及验收规范》GB 50274

14 《地源热泵系统工程技术规范》GB 50366

15 《声环境质量标准》GB 3096

16 《农田灌溉水质标准》GB 5084

17 《污水综合排放标准》GB 8978

18 《地热资源地质勘查规范》GB 11615

19 《民用建筑节能设计标准(采暖居住建筑部分)》JGJ 26

20 《地面辐射供暖技术规程》JGJ 142

21 《城镇供热管网工程施工及验收规范》CJJ 28

22 《城市热力网设计规范》CJJ 34

23 《城镇直埋供热管道工程技术规程》CJJ/T 81

24 《污水排入城市下水道水质标准》CJ 3082

25 《化工设备、管道外防腐设计规定》HG/T 20679

中华人民共和国行业标准

城镇地热供热工程技术规程

CJJ 138－2010

条 文 说 明

制 订 说 明

《城镇地热供热工程技术规程》CJJ 138－2010 经住房和城乡建设部 2010 年 4 月 17 日以第 553 号公告批准、发布。

在规程编制过程中，编制组对我国地热供热工程的实践经验进行了总结，对地热井可持续开采年限、地热利用率、地热尾水排放温度、地热水防垢与回灌的要求等作出了规定。

为便于广大设计、施工、科研、院校等单位有关人员在使用本规程时能正确理解和执行条文规定，《城镇地热供热工程技术规程》编制组按章、节、条顺序编制了本规程的条文说明，对条文规定的目的、依据以及执行中需注意的有关事项进行了说明，还着重对强制性条文的强制性理由作了解释。但是，本条文说明不具备与标准正文同等的法律效力，仅供使用者作为理解和把握标准规定的参考。

目　次

1 总　则

1.0.1 中低温地热资源分布广泛，是一种可以有效节约化石燃料、避免温室效应等环境污染的新能源与可再生能源。近年来，地热供热发展迅速，但是各地的地热供热工程质量优劣差异很大，地热资源浪费严重，缺乏统一的技术标准是重要的原因之一。为了规范地热供热工程的设计、施工、验收与运行，确保地热供热工程持续安全可靠运行，更好地发挥其经济效益、社会效益、节能效益和环保效益，特制定本规程。

1.0.2 地热利用范围广泛，本规程限定的适用范围是：1）用地热井供热，包括泵抽或自流的地热井；2）只限于城镇供热，不包括农业温室、地热水产养殖、地热孵化育雏等农业地热利用；3）只涉及地热直接利用，不包括地热发电。

1.0.3 回灌开采的目的是要使采灌平衡，实现可持续发展的开发利用。由于各地热井所开发地层的地质条件不一，很难保证每一对开采井与回灌井都能做到采灌平衡，因此，对一个开发利用的热田来说，也可以根据地热水的补充条件确定其允许的最大开采量，即条文中所说的"总量控制开发方式"。

2 术　语

2.0.1　地热资源的概念与地热能有所不同。地热能是指地球内部蕴藏的热能；地热资源则是指在可以预见的未来时间内能够为人类经济开发和利用的地球内部的热能，包括作为主要载热体的地热流体及围岩中的热能。目前国家标准规定温度在 25℃ 以上的地热流体为地热资源。地热资源按其温度可分为高温（$t \geqslant 150℃$）、中温（$90℃ \leqslant t < 150℃$）和低温（$t < 90℃$）三类。

2.0.2　对在现时条件下技术经济上有开发利用价值的地热资源相对富集区，且具备良好渗透性热储的分布地区，一般称为地热田。

2.0.3　地热流体中一般都含有不同成分的矿物质，有的矿化度可达几万甚至几十万 ppm。因此，从严格意义上说，它已不是纯粹的水，称它为地热流体更为确切。只是地热流体的外表形态仍为水，因而习惯上仍常以地热水称呼。本规程中，地热流体和地热水两种称呼都有使用。

2.0.4　地热井刚启动开采时，井口水温较低，这是因为井管及四周井壁尚处于从冷态到热态的升温过程，温度场还在不断变化。启动一段时间后，温度场趋于稳定，井口水温也升高到一定程度不再变化，这时的温度称为"稳定流温"。地热供热工程设计所依据的地热水温就是指稳定流温。

2.0.5　井水温度超过 25℃，不论井的深浅都称为地热井。

2.0.6　多数地热流体都有不同程度的腐蚀性，因而采用地热直接供热系统受到很大的制约。供暖面积较大的地热供热工程很少采用地热直接供热系统。

2.0.7　井下换热器供热系统也是地热间接供热系统的一种。由于这种系统需要有浅层中高温地热资源，应用范围有限，因此本规程没有将这种供热系统列入。

2.0.8 地热供热调峰不应该只理解为峰值负荷不够而采取的权宜之计，它是地热供热工程设计必须要考虑的重要技术因素。采用调峰系统，可以有效扩大地热井的供热面积，充分利用地热资源。

2.0.9 地热系统防腐是地热供热工程设计中最常见的问题。出于经济性的考虑，地热系统一般都不采用耐腐蚀的昂贵合金类材料来制作地热管道和设备。采用间接供热系统和使用非金属材料是当前解决地热防腐的主要有效措施。

2.0.10 地热防垢与地热阻垢是同一概念。阻止垢的生成就达到防垢目的。

2.0.11 地热流体除砂是为了降低流体中的含砂量，避免换热器或管道堵塞。

2.0.12 回灌对地热开发利用十分重要，它既可保护地热资源，又可保护环境。但是地热回灌涉及地质构造、岩性等多种因素，不可能有统一的回灌模式。回灌还需要做很多前期的试验研究，建立采灌模型。

2.0.13 将地热尾水回灌到同一热储层能起到保护资源的作用。在可能的条件下应力争做到同层回灌。

2.0.14 异层回灌虽不如同层回灌，但从总体来说，异层回灌仍可起保护环境和部分保护资源的作用，只是对抽水的热储不能达到延长使用寿命的目的。

3 设计基本规定

3.1 一 般 规 定

3.1.1 地热供热工程设计，必须对工程场地及周边状况等资料进行搜集和调查，一般包括：

    1 现状及规划供热范围内的热负荷类型和供热参数；

    2 现状及规划供热范围的总平面图及地形图；

    3 调峰热源的位置、供热参数；

    4 地热井泵房、地热供热站的位置和水文地质资料；

    5 供水、供电、排水、道路交通等建设条件；

    6 管线综合图；

    7 与工程设计相关的其他资料。

3.1.2 地热井的流量对确定地热井的可供热负荷至关重要。可持续使用的流量要通过地热井成井后的抽水试验确定。

3.1.4 对本条各款说明如下：

    1 地热梯级利用是降低地热水排放温度的有效方式，包括采用低温地板辐射或风机盘管采暖、利用热泵和余热利用等；

    2 地热供热设置调峰系统，其热源可采用煤（环保允许）、油、气、电等其他常规能源，因为调峰所耗的能量占总热负荷的比例很小；

    3 采用地热蓄热设备可以调节地热利用的日不均匀性，提高地热井产水率；

    4 提高系统自控水平可降低动力设备耗电量，提高生产效率，节约能源；

    5 地板辐射采暖与风机盘管都属这类末端装置。

3.1.5 地热资源开发利用一般分两个阶段进行：第一阶段由有资质的地热勘察部门按现行国家标准《地热资源地质勘查规范》

GB 11615 进行地热资源的地质、地球物理和地球化学勘察,提交可行性报告。根据这些勘察资料选定比较有利的井位开凿地热井,经抽水试验取得地热井的有关参数;第二阶段为地面利用。设计部门根据地热地质勘察及钻井所取得的数据,结合城镇供热规划进行地热供热工程设计。两个阶段既有联系又相互独立。地热供热工程设计者只要求开发者提供正式的地热井有关参数的书面材料就可作为设计依据,其职责就是保证地热供热工程质量达到最优,并不对地热资源的勘察和评价承担责任。但是设计部门应了解提供的地热井参数是否符合有关规定和要求,能否保证持续使用的年限。若发现问题应及时提出,以免工程受到不必要的损失。

地热井可持续开采的年限与其开采量和补给的情况有关。开采量超过补给量,开采越多,热储压力和水位下降越快。地热发电的地热资源开采年限一般定为 30 年,地热供热等直接利用项目要大于 100 年,对于著名的温泉风景区和温泉历史文物点,则没有利用时间的限定,要实现无限期地持续利用。

在冰岛,地热界对"地热资源的可持续利用"进行如下定义(Axelsson et al. 2001):对于每一个地热系统,每一种生产模式,都存在一个确定的最大能量生产值 E_0。当生产量小于 E_0,该系统就可以长时间(100～300 年)保持稳定生产;生产量高于 E_0,它就不能维持长时间的稳定生产。因此,当地热能生产量低于或等于 E_0 即为可持续生产。所以,从管理角度控制生产量小于 E_0 是十分重要的。如果生产量大于 E_0,则称为过量生产。应该指出的是,最大可持续生产量取决于生产模式,即一个给定的地热资源的最大可持续生产量受资源管理的影响。如果采取回灌开采措施,当生产量大于 E_0 时,根据回灌量的多少,也可使地热系统长时间维持稳定生产。

3.2 热 负 荷

3.2.1 供暖系统的采暖设计热负荷,是指在设计室外温度下,为了达到室内设计温度，供热系统在单位时间内向建筑物供给的热量。确定合理的采暖设计热负荷是节能的基础，它影响到设备容量大小、工程投资和运行成本。

3.2.2 用辅助能源承担调峰热负荷，选热泵作为一级调峰装置，燃煤、燃气锅炉等作为二级调峰装置是一种节能的调峰方法。

3.3 地热利用率

3.3.1 地热利用率表示地热供热负荷与地热供热理论最大负荷的比值，它与地热利用后的排水温度有关，即与地热利用温差有关，但与地热产水量无关。地热利用温差越大，地热利用率越高。地热流体理论最低排水温度一般可取当地年平均室外气温，这与国外低温地热资源评价方法一致。

但是，严格地说，采用地热利用率来评价地热资源利用的完善程度还不够准确，因为这里所指的地热利用率还不是地热有效利用率。例如，地热水输送系统的热损失，也会降低地热水的温度，而这部分温降并不代表有效利用的能量。还应考虑整个采暖期内地热井的流量利用率，即采暖期内地热井实际采水量与最佳采水量之比。

3.3.2 60％的地热利用率指标是考虑到各种地热供热水温都应达到的要求，意在解决地热利用率普遍较低的问题。地热供热水温愈高，地热利用率的百分比也应该愈高。例如 80℃～90℃的地热水，其地热利用率能达到 70％以上。

4 地热供热系统

4.1 直接供热系统

4.1.1 地热直供系统管路简单，可减少工程初投资和运行维修费用。并且由于系统无换热设备，避免了因换热温差造成的不可逆能量损失。但是由于地热流体多数有腐蚀性，地热直供系统将会造成设备腐蚀而缩短使用寿命，因而地热供热工程一般都不采用直供系统。

4.1.2 地热直供系统一般采用温控阀控制回灌或排放尾水温度，地热井泵作为补水定压装置。

4.2 间接供热系统

4.2.1、4.2.2 地热间供系统是指采用换热器将地热流体与用户供热循环水隔开的系统。地热流体通过换热器把热量传递给循环水后回灌、排放或综合利用，循环水则通过散热器或其他散热设备供热后返回换热器加热循环使用。地热间供系统是国内外地热供热用得最普遍、最有成效的系统。

4.2.3 热用户可采用高温段和低温段串联方式，以加大室外管网供回水温差，减少热网工程投资和运行电耗。高温段和低温段配置是热用户串联供热的基础，低温段配置是提高地热直接供热能力的条件。

4.3 调峰系统

4.3.1 地热供暖系统在室外气温较低时，供热累积时数很少，而单位热负荷很大，即设计热负荷下运行的持续时间很短，绝大部分时间供热是在低于设计热负荷的状态下运行。如果供热系统的设计热负荷全部由地热承担，那么只有在短暂的高峰期地热井才会满负荷运行，而绝大部分非供热高峰期，地热能未得到充分利用。为了增加采暖期地热井取水量，使地热井接近满负荷运行，应配置调峰热源组成地热、调峰热源联合供热系统，即将供热负荷分为基本负荷和尖峰负荷两部分，基本负荷运行时间长，由地热承担；尖峰负荷运行时间短，由调峰热源承担。

4.3.2 选热泵作一级调峰装置，降低地热尾水温度，提高地热利用率；二级调峰装置应依据能源价格和环保要求确定。当采用热泵降低地热流体排放温度时，其系统设计应参照现行国家标准《地源热泵系统工程技术规范》GB 50366 的规定，水源热泵机组的性能应符合现行国家标准《水源热泵机组》GB/T 19409 的规定。

4.3.3 设计调峰负荷与地热利用率、地热水资源费、调峰热源燃料费、城镇供热价格等多种因素有关，由经济评价确定。

单纯地热供热系统，采暖期地热利用率低。增加调峰热源可以降低地热采暖设计负荷，扩大地热供热面积。由于调峰负荷的介入，地热采暖期利用率提高，使地热供热成本有下降的趋势。但是增加调峰热源，要加上系统投资和燃料费用，又使供热成本有上升的趋势。一旦选定调峰负荷和调峰负荷燃料类型，就能确定地热调峰系统的投资、累积地热负荷、累积调峰负荷和供热成本。改变调峰负荷容量和调峰负荷燃料类型，可以组成多种方案。依据方案的经济评价可确定调峰热源类型和调峰负荷占总负荷的百分比。

4.3.4 室外设计温度系根据各地区多年气象资料确定。我国一些主要城市的室外设计温度供热手册中都有刊载。启动调峰设备的室外温度则是实时的室外气温。

5 地热井泵房

5.1 土　建

5.1.2　地热井泵房采用地上独立建筑和固定式起重设备安装井泵，较地下或半地下井泵房有诸多优点。

5.1.3　有的自流井，水温和水压都很高，一旦阀门失灵泄漏，热水就会喷射涌出。如果井泵房采用地下或半地下建筑，热水就无法排出，对人身安全是一大隐患，因此必须严禁。

5.1.4　地热井泵房室内地面排水明沟的断面尺寸按工艺提供的排水流量确定，一般不小于 240mm×240mm。沟盖板的材料、形式以排水通畅、人行走安全为宜。

5.1.5　地下或半地下井泵房有井泵安装、构筑物防水、积水坑排水、屋顶防雨及室内通风等安全要求。

5.1.6　对地下或半地下井泵房，若水温较高，一旦发生设备或阀门泄漏，地热水就会大量涌出烫伤周围的运行人员甚至发生人身事故，因此必须设置直通室外的逃生安全通道。

5.2 井　泵

5.2.1　地热井井泵一般可分为长轴深井泵和潜水电泵两大类。长轴深井泵电机安装在井口，水泵和电机靠长轴连接，不需耐高温的电缆，可在水温高达 200℃ 的地热井中运行，并具有泵体长度短、磨损小等特点。但是长轴深井泵安装深度一般较浅，且具有附加间隙，效率低于潜水电泵。从安装和运行来看，长轴深井泵安装时间长，井管垂直度要求高，或要求井管直径较大，以适应刚性的泵和泵管。在开始运行时，叶轮位置必须通过调节螺母加以调整，增加了安装运行的难度。近年来，由于潜水电泵使用温度逐渐提高，已能满足 100℃ 以下地热水的抽取，所以多采用耐热潜水电泵。

5.2.2 调节泵的出口流量一般有如下方式：

1 节流法：用泵出口阀门来调节输出的流量。此法通过增加阻力来控制流量，效率低，并容易造成水泵的损坏。因此地热井不能用此法作为调节流量的主要手段。

2 用储水装置使井泵间歇运行：此法需要频繁停开井泵，容易造成水泵的损坏。同时，储水装置易进空气，使地热水溶氧增加，加剧对金属设施的腐蚀，相应增加维修量和费用。

3 井口回流法：此法是在井口装置上增加一根回流管，泵在满负荷运行的情况下，当外界用水量减少时，一部分水通过回流管回流到井内。这种方法节水，但不节电。

4 井泵变频调速：通过改变叶轮转速调节流量，以满足用水量的变化。此方法是节水、节电、延长井泵使用寿命的好方法。

5.2.3 泵管或泵轴的表面都可以涂覆涂料层防腐，但根据涂料的性能，一般以用于 70℃ 以下地热水为宜。适用于泵管的防腐涂料有多种，如底漆用环氧富锌底漆，中层漆用乙种环氧沥青漆，面漆用乙种环氧沥青磁漆的试验效果不错。但是表面处理及施工质量对涂层性能影响很大。表面处理以喷砂效果最佳。施工时，相对湿度应小于 65%，温度不得低于固化所要求的温度。

5.2.4 地热井泵最好能送到生产厂家检修、保养。

5.3 井 口 装 置

5.3.1 地热井口装置一般应具有下列功能：1 井口装置的结构应能承受地热井的温度、压力要求。2 密封性良好，能防止空气进入系统、减轻对金属设备的腐蚀。3 能适应地热流体在提取和停止开采时造成的井管伸缩，这种伸缩可能造成泵座损坏及漏水事故。4 能监测水位。水位是地热井动态监测中的重要参数，是延长地热井使用寿命、保护地热资源必须掌握的参数。5 能测量地热水的水温、压力和流量。6 有些地热井在刚投入使用时，地热水能够自流。经过一段时间后由于热储压力下降不再自流，地热流体需要改用井泵抽取；有些地热井随负荷变化，为节水、节电，需将大功率的井泵改为小功率的井泵。所以井口装置应能适应自流、大小泵换用等不同情况。

5.3.2 石油工业有这类专用的气水分离器，分离效果良好，但要增加投资。含油气的地热流体分离出油气后可以用来采暖，但不宜用来沐浴，因为处理后的地热流体仍有残留的石油气味。

5.3.3 可根据井管型号选配相应规格的井口装置。

5.3.4 地热流体中的溶氧是造成金属设备腐蚀最重要的因素。地热井口装置要做到完全隔绝空气进入系统是相当困难的，许多地热工程采用井口氮气保护系统或添加除氧剂的方法效果较好。前者是将氮气充入井内隔绝空气进入井口系统，方法简单；后者是向地热系统注入除氧剂除氧，但是这种注入装置初投资和运行成本较高。

5.4 地热流体除砂

5.4.1 地热流体除砂的标准有不同规定，用途不同要求也不一。对孔隙型热储，成井含砂量控制不能过严，这是地热成井工艺所决定，要求过高，会造成成井交井极大的困难。

5.4.2 目前，地热流体除砂多用旋流式除砂器，它具有结构紧凑、占地面积小、除砂效率高（可达90%以上）、排砂方便等优点。

6 地热供热站

6.1 土 建

6.1.1 地热供热站建在负荷中心位置，可使供热距离缩短，热损失少，运行电耗低，管理方便。

6.1.2 采用重力排水的供热站，设备间地面应设排水明沟。沟的要求与第 5.1.4 条相同。供热站水泵间宜设隔墙封闭，采用双层隔声门窗，内墙面可采用吸声材料，有噪声设备应装避振喉和减振垫，在外墙上应考虑设置防噪声进出风口。

6.2 供热站设备

6.2.1 板式换热器的密封垫圈应安装于密封槽中并具有良好的弹性。要求橡胶除耐腐蚀、耐温外，硬度应在 65～90 邵氏硬度，压缩永久变形量不大于 10%，抗拉强度 ≥8.0MPa，伸长率 200%。

6.2.2 热泵机组由压缩机、蒸发器、冷凝器、调节阀门和自控设备组成。选热泵机组时，压缩机的质量最重要，好的压缩机运行时振动小，噪声小，使用寿命长。

6.2.3 对金属腐蚀较轻的地热流体，宜采用金属制储水装置，并对内壁进行防腐处理。

7 地热供热管网与末端装置

7.1 地热供热管网

7.1.2 地热供热管道及其保温外壳常用非金属材料。直埋敷设既不影响环境美观,又可避免紫外线照射,延长管道使用寿命。

7.1.3 经水质化验确认属非腐蚀性地热流体,输送管道可采用钢管。

7.2 末端装置

7.2.1 选用散热器作为末端装置时,对于地热间供系统,散热器的选型和常规供暖相同;对于地热直供系统,不宜采用金属散热器作为末端装置。

7.2.2 地热供热末端装置的设计参数与地热供热站设备配置和地热供热运行费用密切相关,末端装置的供回水温度越低,热泵配置容量越少,调峰负荷占总负荷的比例越小,系统越经济。

7.2.3 表7.2.3系根据经验提出,可供参考。某些情况下,宜采用的供回水温度还可降低,如空调系统风机盘管供水温度可采用45℃,三步节能居住建筑区地板辐射采暖供水温度可采用40℃。

7.2.4 室内温度调节装置是行为节能的手段,可满足不同用户的室内温度需求。分户热计量是"供热体制改革"的要求。

8 地热水供应

8.0.1 由于没有一个科学、完整的规划，有些地区在地热水供应中，缺少地热水地下管线走廊，城市建设挤占地热井位置，桩基础等地下工程施工损坏地热井管线现象时有发生，严重影响了城镇地热水供应的可持续发展，因此，城镇地热水供应系统的专业规划是城镇地热水供应非常重要的基础工作。

8.0.3 虽然国内已有多个地热水长距离输送的工程实例，但长距离输送必然带来较多的热量损失，因此从节能的角度，不鼓励地热水进行长距离输送。明确地热水输送的温降要求，为输送管道的设计、施工及验收提供依据。从国内的工程实例来看，0.6℃/km 的温降要求是合理可行的。

8.0.4 通常情况下，地热水含有多种对人体有益的微量元素，它是优良的医疗矿产资源和廉价的热水资源，作沐浴用，既节能又健体。

8.0.7 一般地热水气水分离后气体就排掉。如果是可燃气体，量比较大，分离出来的这种气体应设法收集就近利用。

9 地热系统防腐与防垢

9.1 一 般 规 定

9.1.1 地热流体产生腐蚀的重要因素有 7 项：

1 氯离子（Cl^-）：地热流体中氯离子的腐蚀作用主要是促进作用而不是反应物。当地热水中存在溶解氧时，氯离子的促进作用就明显地表现出来。

2 硫酸根（SO_4^{2-}）：硫酸根的腐蚀作用与氯离子类似，但比氯离子影响小，为同浓度氯离子的 1/3。在多数地热水中，SO_4^{2-} 的腐蚀作用不大，但在氯离子浓度较低的地热水中，SO_4^{2-} 会产生一定的腐蚀。硫酸根对水泥有侵蚀作用，是水泥腐蚀（侵蚀）比较主要的因素。

3 硫化氢（H_2S，包括 HS^-、S^{2-}）：硫化氢在金属腐蚀中起加速作用，即使在无氧条件下，它也腐蚀铁、铜、钢、镀锌管等金属。在高温下，对铜合金和镍基合金的腐蚀最为严重。

4 氨（NH_3，包括 NH_4^-）：氨主要引起铜合金的应力腐蚀破坏，在地热系统中，对阀门、开关等设备中的铜材不利。

5 二氧化碳（CO_2，包括 HCO_3^-、CO_3^{2-}）：二氧化碳对碳钢有较大的腐蚀作用。特别是与氧共存时，对碳钢的腐蚀更为严重。二氧化碳对混凝土也有腐蚀作用。

6 氧（O_2）：氧通常来自大气。地热流体中原有的溶解氧一般很少。氧是地热流体中最重要的腐蚀性物质。当地热系统有空气侵入时，会使碳钢的均匀腐蚀速度增加 10 倍。

7 pH（氢离子）：在大多数无 O_2 的地热水中，碳钢和低合金钢的腐蚀主要由氢离子的还原反应控制。当 pH 增高（pH＞8）时，腐蚀速度急剧下降。

9.1.2 现行国家标准《地热资源地质勘查规范》GB 11615 中参

照工业腐蚀系数来衡量地热流体的腐蚀性和用锅垢总量来衡量地热流体结垢性的办法也可采用。

9.1.3 地热供热工程设备的外防腐，多数与化工设备类似，但也有一些是不同的，需要参考化工设备外防腐和地热工程设备外防腐的实践经验加以实施。

9.2 防腐措施

9.2.1 防腐工程措施可以采用本条提出的 5 种方法中的 1 种或同时采用几种，其中第 1、3 款同时采用效果较好。

9.2.2 玻璃钢（玻璃纤维增强塑料）具有优良的力学和物理性能，使用温度一般在 $-30℃ \sim 120℃$，最高可达 150℃。虽然玻璃钢的轴向膨胀相当于钢管膨胀的 2 倍，然而由于其轴向模量相对较低，产生的膨胀力只有钢管在同样条件下的 3%～5%，因此对埋地 1m 深的玻璃钢管，除了有适当的分段止推装置外，靠覆盖其上的土壤就足以抑制其热膨胀，不需要采取其他特殊防膨胀措施，这是其他各种塑料所不及的。玻璃钢还有优良的耐化学腐蚀性能、使用寿命长、水力特性优异等重要特性，流体在管内流动的阻力小，因而可以选用较小的管径和功率较小的输送泵，降低成本并节电。玻璃钢管道还有重量轻、运输吊装和安装方便等优点。玻璃钢管道直径越大，每米成本与钢管相比越低。

制造玻璃钢管的原料种类很多，耐温情况不一，价格也相差很大。如果将价格低廉的常温或低温用的原料用于制造高温用的管道，那么管道的使用寿命将大大降低，工程选材时一定要十分注意。

玻璃钢管道由于加工工艺的关系，小管径（直径＜50mm）的管道成本相对较高，经济性较差，因而非金属的小管径管道一般不用玻璃钢而改用其他塑料制作。

一般的塑料存在较大的热膨胀系数和蠕变等缺点，在地热供热工程中的应用受到限制。铝塑复合管（PEX-Al）是近年发展较快的一种管材，它用交联聚乙烯与铝材复合而成，管子的内外层均用交联聚乙烯材料制造，中间层为铝材，各层之间用胶粘结，形成一个胶合层。这样，它可以完全隔绝气体（氧气）的渗透，彻底消除塑料管透气的缺点，线膨胀系数远低于一般塑料，保证管道的稳定。同时也提高了管道的工作压力和工作温度，弯曲半径也由此变小，便于弯管。

9.2.3 系统隔绝空气（氧气）是十分有效的防腐措施。来自深部的地热水中很少有溶解氧，只要使系统密封，不让空气进入，就可大大减轻地热水对金属的腐蚀。采用向井内充氮气的方法，设备简单，是较有效的密封方法。

采用间接供热系统，虽然要增加钛板换热器的投资，系统也相应复杂些，但是这种一次性投资的增加，换来的是长久的系统稳定运行，设备寿命也大大延长，综合经济效益更好。

9.2.4 防腐涂料一般抗磨强度不高，受流体高速冲击或为转动部件，涂料会很快磨损。

9.2.5 防腐剂是一种化学物品，含有磷酸盐等对环境有污染的成分，添加在地热系统中，这些缓蚀剂将随地热水的排放流入地表河流等水体或农田，造成对环境的二次污染，而且也不能再将地热尾水回灌地下。国内已有不少这方面的教训，因而严禁使用加防腐剂的防腐措施。

9.2.6 金属材料的腐蚀从原理上可分为化学腐蚀和电化学腐蚀两大类；按腐蚀破坏形式可分为全面腐蚀和局部腐蚀两种。防腐措施也要根据腐蚀类型不同有所区别。地热流体中，金属可能遭受下列几种重要的局部腐蚀：1）孔蚀；2）缝隙腐蚀；3）应力腐蚀破坏；4）晶间腐蚀；5）电偶腐蚀；6）脱成分腐蚀；7）氢脆；8）磨蚀。

合理的介质流速与管径、介质流量、输送流动阻力与电耗等有关。流速高，同样的流量管径就小、投资少，但流阻增加，选用的水泵功率就要加大，电耗增加。工业上，一般将介质流速控制在(1.0～1.5)m/s范围内比较合理，但为减少流阻和电耗，降低运行成本，也有将介质流速选在(0.8～1.0)m/s范围内。

9.3 防垢除垢措施

9.3.1 结垢是影响地热系统正常运行的严重问题。当地热流体从热储层通过地热井管向地面运移时，或者在管道输送过程中由于温度和压力降低，使其中一些成分达到饱和状态，此时，就有固体物质析出并沉积在井管或管道内，形成垢层。井管内结垢会影响地热流体的生产与产量；输送管道内结垢会增加流体的流动阻力，进而增加输送能量的消耗；换热表面结垢则增加传热阻力，使传热效率降低。垢层不完整处还会造成垢下腐蚀。防垢与阻垢是一个概念，除垢则是垢已生成设法去除，与防垢、阻垢有所不同。

9.3.2 常见的阻垢措施有增压法、化学法和磁法。

增压法是采用深井泵或潜水电泵输送井中地热流体时，使其在系统中保持足够的压力，从而使流体的饱和温度高于实际的流体温度，这样，流体在井内始终处于未饱和状态，不会发生汽化现象和汽、液两相共存区域，防止 $CaCO_3$ 等碳酸盐在井管内壁的沉淀。此法的缺点是井泵耗电较多，有时甚至达到难以接受的程度。

化学法阻垢是加化学物品阻止垢的生长。化学物品分两类：一类是酸性溶液，将它放入水中，使水的 pH 降低。另一类是聚磷酸盐、磷的有机化合物和聚合物。这类药物既是阻垢剂也是缓蚀剂，在高温时会产生有害影响。化学法的缺点是造成对环境的二次污染，经济性差，增加流体的腐蚀性。地热供热工程中一般不采用这种阻垢方法。

磁法是将一套磁法阻垢装置安置在地热流体的输送管道外侧，当地热流体流过时被磁化处理，使垢成疏散状，便于清洗。由于地热流体成分比较复杂，结构多样，再加上磁场强度、梯度等多种因素影响，其阻垢机理至今尚未得到确切结论，效果也不稳定。

9.3.3 由于化学法阻垢有化学物品溶入水中，尾水不能回灌地下，因此严禁用此法阻垢。

9.3.4 目前除垢采用的几种方法各有优缺点，且应用场合有所不同。化学除垢法一般只用于系统运行后进行。将除垢化学物品溶液灌入系统并将系统封闭，经过一段时间后排出即达除垢目的。停留所需时间由事先进行的取样试验确定。机械除垢可以在运行中进行，也可在停运时进行。如西藏羊八井地热电站井管除垢采用一个圆筒状重锤上下牵引刮垢，气水混合物仍可从圆筒中间通过，不影响机组运行。国外也有用两条输送管道轮流除垢的做法，一根输送流体，一根停运除垢，依次轮换。

10 地热供热系统的监测与控制

10.0.1 地热井泵采用变频调速控制装置自动调节流量，既节水又节电，是目前地热井运行普遍采用的节能措施。供热循环泵配置变频控制装置是用来自动调节间供系统循环水侧的循环水流量，使之与热负荷变化所需的循环水量匹配，达到节电的目的。

10.0.2 地热供热系统即使装有集中监控系统，仍需就地设置监测运行主要参数的仪器仪表，以便随时掌握系统运行是否正常。

10.0.3 地热供热系统装有集中监控系统就可以把所有运行参数不间断地记录下来，既可作为技术档案保存，又可看出地热井及供热系统各种运行参数的变化趋势，并在系统出现故障或问题时分析原因。虽然配置集中监控系统需要一笔投资，但从长远的利益看，还是十分合算的。

10.0.4 一次仪表测量的范围和精度与二次仪表相匹配是仪表配置的常识。然而不少工程配置这些一次、二次仪表时，不注意这一匹配的重要性，造成有些仪表精度很高，投入资金也不少，却因为不匹配起不到应有的作用。

10.0.5 为减少投资，有些地热井只采用人工的导线电阻测深方法。此时，井口装置必须留有可开启和关闭的水位测孔。

10.0.6 自动水位监测仪需要实时将数据传递上来。测试探头必须安放在井内动水位以下。探头安放位置不宜距潜水电泵太近，否则潜水电泵的强电磁场会干扰测试探头的正常工作。安装在水泵进水口 5m 以上的要求是根据实践经验提出的。

11 环 境 保 护

11.0.1 与化石能源相比，地热能属于清洁能源，但是开发利用地热对环境仍有一定的影响，包括热污染、空气污染、水污染、土壤污染、噪声污染、放射性污染、地面沉降、诱发地震、生态平衡、土地利用与环境美学等方面。参照《中华人民共和国环境保护法》等法律法规的要求，一般情况下，地热资源开发利用应进行环境影响评价。

地热开发利用的环境影响主要是地热流体本身。环评前应先搜集地热流体的物理性质和化学成分资料。

物理性质：地热流体的温度和感官（色度、混浊度、臭和味、肉眼可见物等）。

化学成分：

气体成分：H_2S、CO_2、O_2、N_2、CO、NH_3、CH_4、Ar、He 等；

主要阴、阳离子和 F^-、Br^-、I^-、Fe^{2+}、Fe^{3+}、Si^{4+}、B^{3+} 等；

微量元素：Li、Sr、Cu、Zn 等；

放射性元素：U、Ra、Rn 等；

有害成分：汞及其化合物、镉及其化合物、六价铬、砷及其化合物、铅及其化合物、硫化物及酚等。

pH、溶解氧、全盐量、总大肠菌群、总溶解固体。

国家或各级地方政府批准确认的自然生态系统、珍贵野生动植物原产地、历史文物保护区、旅游资源开发区，从某种意义上说都是珍贵的不可再生的自然资源。自然环境系统是人类和生物界的家园，一旦遭受污染破坏，将不可或难以再生恢复。因此，在以上地域内开发利用地热时，必须进行环境影响评价，提出保护措施，在环境影响评价报告得到相应的政府主管部门批准后方可实施。

11.0.2 当地热尾水水质不符合现行国家标准《污水综合排放标准》GB 8978 要求时，可采取水处理措施使地热排水达到排放标准要求。

11.0.3 矿化度较高的地热尾水用于灌溉时，会使土壤板结，地力衰退。

11.0.4 地表水是饮用地下水、养殖用水、景观水体等的补给源，应控制水污染、保护水资源和维护生态平衡。

11.0.5 现行国家标准《污水综合排放标准》GB 8978 和《农田灌溉水质标准》GB 5084 均规定，排水温度不得大于 35℃。本规程规定地热供暖尾水排放温度必须小于 35℃是国家标准要求，是强制性的，不然会造成严重的热污染。从节约地热资源考虑，尾水排放温度越低越有利于提高地热利用率，提高地热资源的经济效益。

12 地 热 回 灌

12.1 一 般 规 定

12.1.1 受污染的地热流体回灌会导致热储层地热流体水质恶化，严重影响地热资源的开发利用。

12.1.2 不同热储层的地热流体水质类型不同，当回灌流体与热储层流体不相容时，可能引发某些化学反应，不仅会因形成的化学沉淀堵塞水流通道，甚至可能因新生成的化学物质而影响水质，因此地热回灌应采用原水同层回灌。在不得不采用异层回灌的情况下，必须对热储及水质的影响进行评价。评价方法可采用地面混合试验或采用水化学软件进行模拟计算。

12.2 系 统 设 计

12.2.1 地热流体一般都有腐蚀性，在有氧的情况下腐蚀性更强，因此必须保证地热回灌系统是一个完整的密闭系统。

真空回灌就是在回灌过程中，将回灌井进行密封，使回灌井处于真空状态，避免空气进入。真空回灌的基本原理是：在地下水位较低条件下，利用具有密封装置的回灌井扬水时，泵管及水管内即充满了水；当停泵关闭控制阀和扬水阀门后，由于水的重力作用随泵内水面下跌，泵内水面与控制阀区间和控制阀门后，因真空虹吸作用，使泵内外产生 10m 高的水头差；当开启水源阀门和控制阀门后，因真空虹吸作用，水就能进入泵内，破坏原有的压力平衡，在井周围产生水力坡度，回灌水就能克服阻力向含水层中渗透。

自然回灌是指在自然条件下将尾水直接注入回灌井进行回灌。

加压回灌是指在采用加压泵的情况下将尾水注入回灌井进行

回灌。

12.2.2 地热回灌系统所包括的井泵房、井口装置、监测装置、过滤装置等一系列配套设施是完全独立的，不同于地热供热系统的设施。

12.2.3 为监测回灌井运行状况，及时掌握回灌堵塞情况，要求回灌井井口必须安装水位、水温、流量、压力等动态监测仪器仪表。

12.2.4 回灌管网不同于供热管网，不需要保温。

12.2.5 为减轻或避免回灌堵塞情况的发生，必须保证水质过滤精度。过滤精度的确定应通过回灌水粒度分析确定。

12.3 系统运行前准备

12.3.1 回灌前对系统装置进行检查，为的是保证回灌的顺利进行。

12.3.2 管路中存在的铁锈、污物等，如果回灌前不对管路进行彻底冲洗，这些物质就会回灌到井中造成热储层堵塞，影响回灌效果。

12.4 系 统 运 行

12.4.1 回灌过程中应定期对开采量、回灌量、井口压力及水质进行监测，随时掌握系统运行情况。开采量、回灌量、井口压力每2h监测1次，水质每年监测1次。

12.4.2 为保证回灌水质，应定时检查排气罐和过滤装置是否正常，检查频率为每8h检查1次。

12.4.3 回灌井因各种原因发生堵塞是地热回灌最大的问题。运行人员要熟悉回灌堵塞的判别方法及时采取处理措施。

12.4.4 采用加压回灌时会增加运行成本，同时砂岩热储回灌压力与流量不是呈线性关系，因此加压回灌应经过试验确定，保证回灌效果和系统运行的经济性。

12.4.5 过滤装置两端压差增大，说明过滤器发生堵塞，导致过滤精度和处理水量下降，此时应进行清洗或更换滤料。

12.5 系统停灌及回扬

12.5.1 经过长时间回灌，回灌井中会保存很多砂砾、微生物等物质，如果不及时下泵抽水洗井（也称回扬洗井），这些物质将会堵塞热储层，导致回灌效果下降。

12.5.2 为保证回灌水管的使用寿命，回灌结束应提出回灌管进行防腐保养，可采用在管表面涂防锈漆等办法。

12.5.3 系统停灌后要及时密封并向井管内充氮，为的是防止金属管道因氧化腐蚀而产生锈蚀物，一旦重新运行，这些锈蚀物将会堵塞回灌通道。

13 地热资源的动态监测

13.0.1 地热供热工程作为基础设施项目，其持续稳定供热的安全性要求非常高，地热供热能否可持续进行，与地热资源能否可持续开发关系很大，进行地热资源的长期动态监测是非常必要的。通过日常开采动态监测，供热用户可以及时掌握地热井是否处于正常运行状态，如发现问题可及时处理。进行地热资源开发利用管理动态监测，目的是通过了解掌握区域地热资源状态的动态变化，为政府管理部门评价地热资源及开发利用规划提供决策依据。目前，地热井水位的持续下降是地热田普遍存在的现象，掌握地热水位的多年动态变化资料，对指导地热资源的储量评价和开发利用十分必要。

13.0.2 地热资源日常开采动态监测，就是在地热井运行过程中，观测开采井和回灌井的流体流量、水位（井口流体压力）、温度及水质的动态变化。

    1 观测地热井的静水位和稳定动水位关系到地热井泵的下入深度，要防止开采井运行过程中动水位低于泵的吸水口，出现井泵抽空影响供热正常运行。

    2 一般地热流体的稳定温度随开采量的大小有一定的变化，当开采流量稳定时，温度变化很小。地热流体温度的高低关系到地热供热的热量。

    3 供热工程开采井的流量随供热负荷需求的大小由井泵的变频设备自动控制。开采量是政府主管部门收取矿产资源费的依据。开采量的统计资料是进行区域地热资源评价的重要依据。

    4 地热井的水质一般较稳定。经过多年开采，个别化学成分含量也可能有一些变化。

13.0.3 对地热开发规模较大和研究程度较高的城市，如北京、天津等，政府主管部门在不同的地热田会设置专门的地热动态观测井。由于动态观测井不开采，静水位的多年动态变化资料对评价地热资源十分有用。

13.0.4 地热井动态监测的原始数据量较大，及时进行整理、核对、统计十分必要。将数据输入计算机，可方便地编制各监测项目的图或表。水位、流量、温度、水质变化的"历时曲线图"是比较常见的图件。

纸质文件较电子文档不容易遗失，电子文档有利于复制和利用。

由于地热资源动态监测资料的瞬时性，不能让时光倒流而补测，资料非常宝贵。因此，动态监测资料要按档案管理规定系统归档并长期保存。

14 施工与验收

地热供热工程质量的优劣，除工程设计外，施工质量至关重要。工程质量验收是保证合格工程的最后一道关卡，务必认真对待。

14.0.1 地热供热工程勘察资料一般指"现场踏勘资料"、"地质勘察资料"和"水文勘察资料"。建设单位应根据综合资料和具体勘察数据，对地热供热工程项目进行可行性分析，作出可行性报告，提交上级有关部门审批。设计文件和施工图纸必须在可行性范围内进行，并征求相关技术人员和专家意见。

14.0.3 《地热供热工程施工组织设计》应由施工单位根据工程实际进行编制，它是工程施工全过程的反映，是监理工程师对工程质量的监理依据。一般应包括下列内容：工程概况、工程管理机构、工程质量、工期、安全、后勤保障体系及其他具体的施工方法和工艺。编制成册后报请工程监理单位审核批准。

14.0.4 地热供热工程施工（安装）检验应注意下列各点：

1 设备及主要材料产品质量合格证和性能检验报告应是原件（复印件无效），经监理工程师与实物校对合格后方能投入使用。

2 热泵机组的低温热源有空气、土壤、浅井地下水、地面河流湖泊水、海水、污水等各种类型，安装时除应执行现行国家标准外，也要注意各生产企业对热泵机组安装的特殊要求。

3 大于 $DN100mm$ 的镀锌管绞丝难度大且螺纹连接强度和密闭性差，故应采用无缝管法兰连接或焊接，需镀锌防腐处理的应实行二次安装，即第一次安装完毕后，全部拆卸镀锌后再次安装。

4 在含油气管道和设备上施工必须十分注意安全，焊工应持有相应类别的焊工合格证书，焊接地就近处应配置必要的灭火器材。

5 同级别、同熔体流动速率的聚乙烯原料制造的管子和配件必须是同一品牌，同一厂家生产的。此类管件应采用电熔连接，严格控制热熔温度，一般控制在 210℃±10℃，防止过热烧焦和过冷虚接。

6 凡全封闭的、不能直接开启检查维修的工程内容，均属于隐蔽工程。所有隐蔽工程内容均应经监理工程师检验合格后隐蔽，并作出隐蔽工程验收记录。

7 管道保温材料的选择应按照优质、价廉、满足工艺、节能、敷设方便、可就地取材或就近取材的原则，进行综合比较后择优选用。一般应满足下列要求：1）导热系数宜低于 0.14W/(m·K)；2）耐热温度高于输送液体最高温度；3）密度一般不宜超过 400kg/m³；4）有一定机械强度，能抗压振；5）吸水性小；6）对金属不腐蚀；7）便于施工或加工成型；8）价低。

8 金属管道接头可分为螺纹连接、法兰连接、管卡连接和直接焊接；非金属管连接可分为套接、粘接和热熔连接。不论采用何种连接方式，接头保温应在管道严密性检验合格，防腐处理结束后进行。

9 系统调试所使用的测试仪器仪表性能应稳定可靠，其精度等级及最小分度值应能满足测定要求。

10 地热井口装置的施工应注意下列各点：

1）钢制构件与混凝土实体之间应增焊构件筋肋，以求得混凝土体稳固、坚实；

2）混凝土养护期视场地温度而定，试块养护标准期为 28d，气温在零度以下严禁混凝土浇筑，除非添加防冻剂；高温烈日下应对混凝土实体定时浇水，并用湿草包覆盖养护；

3）应考虑热膨胀的水温一般是根据经验提出，70℃是可供参考的水温；

4）隔离护套与管道间密封和防水制作，可采用 32.5 级水泥与麻丝加适量清水混拌至水泥成颗粒状，然后将水泥麻丝条整齐填入空间，用锤敲实即可。

14.0.5 系统试验压力以最低点的压力为准，压力试验升至试验压力后，稳定 10min，压力降不得大于 0.02MPa，再将系统压力降至工作压力，在 60min 内外观检查无渗漏为合格。管道经反复清洗，出水口水质与清洗原水相似为合格。

14.0.6 地热供热工程竣工验收应注意下列各点：

 1 竣工验收是将经过分部验收、中间验收合格的工程，移交建设单位实行系统验收。

 2 竣工验收应由建设单位组织确定参加验收的单位、验收的内容和验收的时间。

 3 地热供热工程竣工验收时，应完善竣工资料和验收程序：

  1）图纸会审一般由建设单位组织，设计方、监理方、施工方共同参加，对施工图进行图纸审评、修改或变更，达成一致后，编制图纸会审记录，经各方会审人员签字确认，此会审记录与工程合同具有同等效力。工程提交竣工验收同时，施工方应提交工程竣工图。竣工图与施工图有少量修改的，可在原图上直接改写，如有多处重大修改的应重新绘制。竣工图最后由监理单位盖章确认。此图是工程量的最终表达和造价结算的依据。

  2）设备开箱前，施工方必须事先通知监理工程师，现场开箱验收，并填写开箱报告。主要材料进场也应经监理工程师检验后使用。

  3）隐蔽工程具体内容可用文字说明，也可用图例表示，但必须有监理工程师确认。

  4）工程设备、管道系统安装应有材料材质、品牌型号、数量、标高、间距等详细记录。

  5）管道冲洗应记录冲洗方法和冲洗结果。管道试压应详细记录工作压力、试验压力和试压结果。

6）设备试运行前应对工程进行全面检查，供电系统电压是否稳定，设备接地是否安全可靠，管道系统是否有滴、漏、冒，仪器仪表是否安装到位。试运行时看设备是否紧固稳定，水泵叶轮旋转方向是否正确，有无异常振动和声响，电流电压波动是否正常，仪器仪表数值是否正常，传动轴承温升是否过高（一般不超过 75℃），阀门开闭是否到位等，作好试运行的各项记录。

15 运行、维护与管理

15.0.1 运行前，除对系统检查、调试及制定运行方案外，还应准备包括记录各种水泵运行电流、电压以及管路供回水压力、温度的记录表格。

15.0.2 水泵停泵 15min 后才能重新启动是因为水泵启动电流很大，为正常运行电流的 7 倍，水泵刚停，电机本来已经很热，如果立即再启动，又加上 7 倍的大电流，很容易损坏电机。15min 后才能再启动是考虑到电机有足够的冷却时间。

15.0.4 地热井泵的运行还应详读地热井泵生产企业产品说明书中有关运行异常、故障及应对措施等提示。

15.0.5 地热井泵检修是否入厂应视地热井泵类型及使用单位的自身技术力量而定。

15.0.6 地热供热系统运行中出现的异常和故障，无非来自地热井本身、水泵及换热器等设备以及电气设施等几方面。地热井水温、水质、水位、含砂量等一般短期内突然变化的情况较少发生，但是回灌井堵塞引起的回灌量下降、换热器流道堵塞（换热器进出口两端压差增大）和换热面污垢增加引起的传热能力下降，以及各类水泵的故障是较常出现的问题。

15.0.7 各类设备检修前应仔细查阅全年运行记录，对比供热前后系统和各种设备动态监测数据有何变化并加以分析，确保维修时抓住重点。

15.0.8 地热供热系统也可设置几种不同热源的调峰设施，如同时设置一台或几台热泵机组调峰和燃油或燃气锅炉调峰。气温下降初期，当地热供热基本热负荷不能满足时，先启动一台或两台热泵机组，严寒时，加入热泵调峰也不能满足热负荷需求时，再启动燃油或燃气锅炉。这样的配置组合，就可采用功率较小的热泵机组，减少投资，而燃油或燃气锅炉由于使用时间很短，燃料费所占比例很小，不会对运行成本产生多大影响。

统一书号：15112·17855

定　价：　**14.00**　元

JDC

中华人民共和国行业标准

CJJ 138－2010
备案号 J 1010－2010

城镇地热供热工程技术规程

Technical specification for geothermal space
heating engineering

2010－04－17　发布　　　　2010－10－01　实施

中华人民共和国住房和城乡建设部　　发布